露营饭盒的 户外自动烹食书

去公园，去野外！

Mess tin
—Automatic recipe—

日本 Mess tin 爱好会　著

葛婷婷　译

ENJOY
MESS TIN
!

前言

瑞典品牌trangia出品的名为"Mess tin"的铝制饭盒，在户外爱好者中拥有极高的人气。

在前作《Mess tin饭盒食谱》中，对Mess tin饭盒的基本特征进行了解说，介绍了使用Mess tin饭盒可实现的各种烹饪方式，以及富有魅力的各种食谱。在这本书中，会介绍以德国品牌Esbit的便携式口袋炉配合Mess tin饭盒来完成的自动烹饪食谱。与trangia一样，Esbit也是在露营及登山爱好者中名气很大的户外品牌。

所谓的自动烹饪，是指使用Esbit的口袋炉和燃烧性非常优越的固体燃料，对已经装好食材的Mess tin饭盒点火加热，直至火焰自然熄灭，其间几乎不需要额外的烹调加工，就能轻松完成烹饪。参考书中的自动烹饪食谱，尽情享受在户外用Mess tin饭盒制作美食的乐趣吧。

日本Mess tin爱好会

目录

1

序章
了解自动烹饪 —— 11

第 1 章 "炊" —— 27

第 2 章 "煮" —— 49

目录

2

第**3**章 **"蒸"**　　　　　　　　　　**83**

第**4**章 **"烤"**　　　　　　　　　　**93**

序章

首先介绍Mess tin饭盒的基础知识和自动烹饪的相关内容。
了解了自动烹饪的基本方式、必要工具、简单技巧，就能够灵活使用Mess tin饭盒来进行烹饪。

了解
自动烹饪

Mess tin 饭盒的基础知识

trangia 的铝制饭盒 "Mess tin" 是人气极高的户外产品。铝材有着较高的热导率，所以 Mess tin 饭盒除了特别适用于炊类料理之外，还可以用于煮类料理、蒸类料理或烤类料理，甚至还能利用高火炒制出美味的菜肴。同时，Mess tin 饭盒有着使用方便的尺寸，因此广受欢迎。

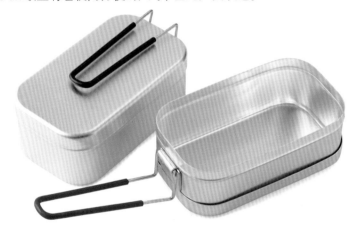

有2种类型的尺寸

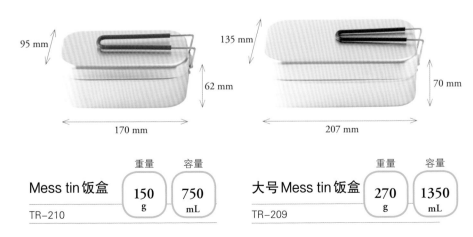

95 mm

62 mm

170 mm

135 mm

70 mm

207 mm

Mess tin 饭盒	重量	容量
	150 g	750 mL
TR-210		

大号 Mess tin 饭盒	重量	容量
	270 g	1350 mL
TR-209		

※产品数据仅供参考，请以产品官方网站公布的最新数据为准，下同。

Mess tin 饭盒使用前的准备

为了更方便、持久地使用 Mess tin 饭盒，使用之前要做一些准备工作。主要是 "去除毛边" 和 "稳定性处理"。如果不进行这些准备工作就使用，使用者可能会意外受伤，同时 Mess tin 饭盒的使用寿命也会大大缩短。虽然做准备工作会耗费一些功夫，但珍惜之情也会随之涌出。

去除毛边

新购入的 Mess tin 饭盒，其边缘由铝材直接切割而成，所以很锐利。稍不留神就会弄伤手指或者嘴唇，所以要先好好加工一番。

1　准备细砂纸、劳作手套或者皮革手套。

2　饭盒本体和盖子的边缘部分都要用砂纸仔细打磨。

3　试着用手指抚摸，如果感觉不到粗糙的毛边就可以了。

稳定性处理

铁制的锅等烹饪器具须用油养护，这也被称为稳定性处理。对于 Mess tin 饭盒，则要用淘米水来养护。这样做可以减轻铝制品的气味，也能够防止因火烧而产生黑色污渍。

1　准备足够的能浸没 Mess tin 饭盒的淘米水，倒入大锅中。

2　放入 Mess tin 饭盒浸泡，开火加热。

3　煮 15～20 分钟，饭盒表面会形成一层可起保护作用的米膜。

基本的自动"炊"

这本书的主题是自动烹饪，而其基本方式就是自动"炊"。使用锅具等做白米饭等炊类料理时，最麻烦的是火候的控制。但是使用 Mess tin 饭盒自动"炊"时，只需点燃固体燃料，然后放置至火自然熄灭即可。就以最简单的白米饭为例，来学习自动"炊"的基本方法吧。

① 让米吸饱水

首先洗干净米（180 mL），然后浸泡在水中15 ~ 30分钟使其充分吸水。水的量，以高度达到手柄焊接部分凸起圆点的中心处为标准即可。

② 点燃固体燃料

饭盒盖上盖子，将14 g的固体燃料放入口袋炉中并点燃。大约10分钟之后水开始沸腾，就这样放置着直至火熄灭。过程中完全不用操心火力和时间。

③ 翻转过来闷饭

火熄灭之后，戴上皮革手套或者劳作手套（以免烫伤），紧紧按压着盖子将饭盒翻转过来。这样可使在底部的水均匀散布到米饭整体。闷15分钟左右。

④ 打开盖子就完成了！

松软美味的米饭完成。底部还会有恰到好处的锅巴。只需点燃火，就能做出高品质的米饭。

自动烹饪的技巧

了解了基本的自动"炊"之后,这里再介绍一些简单的技巧。虽然只要点燃固体燃料加热,就能烹饪出多种多样的美味,但是灵活运用 Mess tin 饭盒热导率高的优点,可以更进一步扩展烹饪的范围。

重叠放置同时烹饪

加热中的 Mess tin 饭盒的上面同时放置罐头或者雪拉杯,热量会传递上去达到同时烹饪的效果。这样加热时,要将罐头稍微打开以防膨胀爆裂,根据食材情况或许还需给雪拉杯盖上盖子或锡纸。

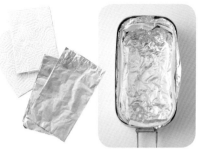

包裹起来利用余热烹饪

用口袋炉加热结束之后,将 Mess tin 饭盒连同加盖的雪拉杯等一起用布包裹起来,利用余热来继续加热。材料中有米的食谱,推荐用这个方法来进行闷饭步骤。

防止焦煳的技巧

将 2 张锡纸折成三折,中间夹入四折后浸湿的厨房用纸,再铺到 Mess tin 饭盒中,可以起到防止焦煳的作用。特别适用于烹饪时间长的烤类料理。也可以用烘焙纸铺到饭盒中,可起到同样的作用。

5

口袋炉的种类

对自动烹饪有了初步了解之后，接下来需要了解一些必要的工具。自动烹饪中除了要用到 Mess tin 饭盒，还要用到便携性优越、尺寸也恰到好处且与 Mess tin 饭盒堪称绝配的 Esbit 出品的口袋炉。Esbit 口袋炉可以收纳在 Mess tin 饭盒中，同时有适用于不同用途的各种类型。

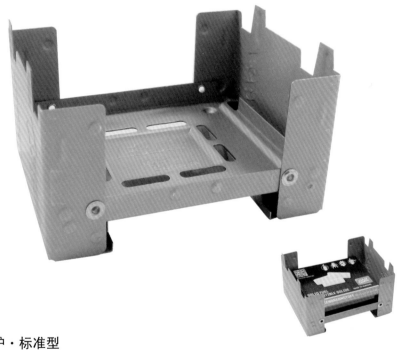

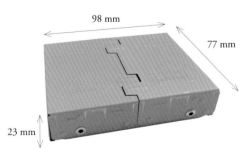

口袋炉·标准型

ES20920000

在这本书中会用到的基本款的口袋炉。可以折叠起来，尺寸小到可收进口袋中，重量也仅有 85 g。底部有一圈孔，是能最大限度提高热效率的构造。内部正好可以用来收纳固体燃料，没有浪费的空间。

98 mm

77 mm

23 mm

口袋炉·大型

ES00289000

比标准型大两圈的口袋炉。折叠起来的尺寸为 132 mm × 94 mm × 38 mm，重量增加至 174 g，但是比起标准型来说，能承受更重或更大的器具。

钛制炉

ESST115T1

钛制可折叠的超轻型炉子。重量非常轻，仅有 13 g，附带有便于出门携带的收纳网兜。防风性稍微不足，但是便携性出类拔萃。

星型一次性炉

ES00241001

从平面的卡片状弯折成立体状来使用，是一次性使用的炉子。轻巧不笨重，作为超轻型装备或应急随身携带物品是最合适不过的。

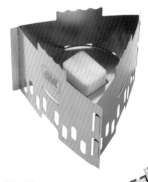

不锈钢炉

ESCS75S000

使用了超轻型、最高品质的不锈钢，小巧且能拆分收纳的炉子。附带有尼龙袋子，但也可以直接收纳在 Mess tin 饭盒中。

固体燃料的种类

与口袋炉相同，固体燃料在自动烹饪中也是不可或缺的。与市售的其他固体燃料相比，固体酒精几乎没有烟和灰渣，是在高山及低于0℃的环境条件下也能够稳定燃烧的优质燃料。在这本书的自动烹饪中用到的固体燃料均为固体酒精。这里介绍燃烧时间不同的2种固体燃料。

军用型 (14 g)

ES11220000

燃烧时间约12分钟的固体燃料。因为能够以持续稳定的火力燃烧，适合炖类或者煮类的料理。是Esbit的固体燃料中燃烧时间最持久的。

标准型 (4 g)

ES10220000

燃烧时间约5分钟的固体燃料。可用来稍微加热饮料，或作为火将熄灭时的追加燃料来维持一定的火力。也可以分割成两半来使用。

0～5分钟

点火之后，开始阶段会猛烈燃烧，即使刮风也不必担心。

0～2分钟

点火之后，即使只有4g的分量也会马上猛烈燃烧起来。

5～10分钟

火势渐渐平稳下来，变成中火程度的火力。

2～4分钟

但是因为没有持久性，火力很快就开始减弱。

10～12分钟

火力减弱，以弱火的状态持续燃烧，直至熄灭。

4～5分钟

整体火力相当微弱，持续短时间后熄灭。

火力的调节方法

燃尽之后自动熄火是固体燃料的特征，从另一方面来说，就是点燃之后就无法调节火力了。这里会介绍对应不同料理来调节固体燃料火力的方法。但是，在受风影响的环境下情况会有所变化，所以烹饪时要多加注意。

强火 < 4 g × 3 >

把3个4 g的固体燃料，间隔点空隙并排摆放。如果不间隔空隙，在燃烧中燃料会更容易从炉中滴落，发生烧到地板等物件的危险。

3个同时点燃，会形成相当强的火力。但是加热的时间短，所以适合短时间烹饪的油炸类料理。

中火 < 14 g × 1 + 4 g × 1 >

14 g的固体燃料点燃后，10～12分钟再追加放入4 g的固体燃料，可以延长中火的加热时间。

弱火 < 4 g × 1/2 >

4 g的固体燃料分割出一半来使用，可以从开始阶段就以弱火的火力烹饪。推荐应用于需要精细调节火力或者文火烹饪的情况。

十元店的固体燃料

一般情况下经常使用的是这种更为便宜的固体燃料。性价比优越、燃烧时间持久，使用起来很便利。但要注意的是，因容易汽化挥发，故不能长期保存。

用挡风板来稳定烹饪

说起自动烹饪最大的天敌，那肯定是风。用固体燃料烹饪时很容易受到风的影响，风会使火无法贴近Mess tin饭盒而导致加热不足。为使烹饪更稳定，挡风板也是必不可少的。

UNIFLAME 挡风板 L

No.616527

以不锈钢为材料，所以有一定重量而足以抵御风吹。另外两边都附带有可折叠的立脚，因此增加了稳定性。折叠起来的尺寸为155 mm×94 mm×4 mm，如果Mess tin饭盒有收纳套，可以将挡风板与饭盒一起收纳在套中。

挡风板
135 mm × 650 mm

价格便宜的无品牌产品，折叠起来的尺寸为135 mm×76 mm×15 mm，可以收纳在Mess tin饭盒中。以铝为材料，所以非常轻，有可能会因强风而移位。另外单片很薄，要注意避免因太接近火源而发生挡风板片熔化的情况。

自制锡纸挡风板

使用日本品牌LOGOS的BBQ（烧烤）专用锡纸，我们来试着制作2种类型的适用于口袋炉的挡风板吧。耐火性优越，折叠后收纳性超群。

BBQ扫除乐锡纸（超厚款）

●窗帘式

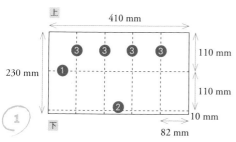

1 按照图示的尺寸裁切锡纸。沿着①的虚线向下进行山折，多出的部分沿着②的虚线向上进行谷折，并且把边缘贴合捏紧。最后沿着③的虚线进行风琴折，这样就完成了可以收入Mess tin饭盒中的窗帘式挡风板。

2 安装的方法为，把最后的风琴折全部展开的状态下，覆盖住Esbit口袋炉及其上的Mess tin饭盒的侧面，锡纸的两端正好到手柄两侧的位置，再用具耐热性的夹子等固定在Mess tin饭盒的边缘处就完成了。因为做法很简单，所以饭盒盖子不能完全盖上的缺憾也是可以原谅的。

●插入式

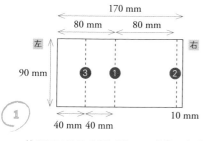

1 按照图示的尺寸裁切锡纸。沿着①的虚线向左进行谷折，多出的部分沿着②的虚线向左进行山折，并且把边缘贴合捏紧。最后沿着③的虚线做谷折。以同样方法再做一个，就完成了能够完美契合口袋炉侧面的插入式挡风板。

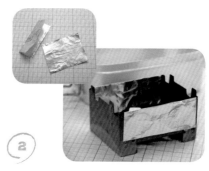

2 安装的方法很简单，将2个折叠好的锡纸，插入口袋炉没有挡板的正面和背面部分。用这种最简单的方式就可以使口袋炉在四个方向都免受风的影响。

相关产品的推荐

除了挡风板，还有其他多种有助于更方便地使用 Mess tin 饭盒或口袋炉的相关产品。这里分成两个部分来介绍：第一部分介绍制造商的官方配套产品，第二部分介绍被称为"灰姑娘式收纳"的原本有其他用途但因尺寸恰好合适而可与 Mess tin 饭盒或口袋炉组合使用的产品。

**Mess tin 饭盒专用
SS 蒸架（不锈钢制品）**

TR-SS210

**大号 Mess tin 饭盒专用
SS 蒸架（不锈钢制品）**

TR-SS209

trangia 的原产蒸架，特别适用于蒸类料理。类似的市售品有很多，但是很难找到适用于大号 Mess tin 饭盒的产品，原产蒸架的质量也很好，所以推荐使用。

**大号 Mess tin 饭盒专用
人造皮革手柄套**

TR-620210

用瓦斯炉烹饪时，手柄部分一般不会变得特别烫，但是使用固体燃料时，因为风向的问题手柄部分有可能被火烧到，所以有了手柄套就能更加安全地烹饪。

Mess tin 饭盒专用帆布袋子

TR-CS210

因为 Mess tin 饭盒的盖子不能完全锁死，所以当里面装了较多食材时，不小心的撞击可能会令盖子移位而致食材漏出。如果有专用的袋子，就可以防止这种意外发生，而且可以防止饭盒被弄脏或者被刮蹭。

灰姑娘式收纳产品

GRANITE GEAR
保冷袋 S

2210900057

虽然是 GRANITE GEAR 出品的袋子，但是尺寸正好适合收纳 Mess tin 饭盒。保冷性能优越，可以存放食材；具缓冲性能，可以保护容易被刮蹭的 Mess tin 饭盒；用布包着的状态下，还能起到保温的作用。

belmont
折叠手柄钛制杯 280

BM-007

belmont 出品的钛制杯尺寸为 92 mm（高）× 53 mm（直径），正好可以收纳在 Mess tin 饭盒中。当做了汤类或者米饭类料理时，作为单人份的碗使用十分方便。也可以作为杯子使用。非常推荐的一款堆叠收纳型产品。

在十元店里寻找产品！

十元店里也可以找到灰姑娘式收纳产品。这里就介绍找到的 3 种适用产品。

● 不锈钢制名片夹

十元店里经常能看到的不锈钢制名片夹。实际上名片夹的尺寸与口袋炉正好合适，以展开成 90°角的状态放置在口袋炉中，可以起到挡风的侧板及防止燃料滴漏的托盘的双重作用。不过放置名片夹后，很可能会影响到饭盒在炉子上的放置，需要多加注意。

● 耐热布丁杯

这种小型的布丁杯可以收纳在 Mess tin 饭盒中，可以当作迷你雪拉杯来使用。塞入饭盒中时，杯内还可以再放些小东西，起到细分收纳的作用。但是要注意，不锈钢材质的布丁杯热导率不太高，也有一定的重量。

● 笔袋

可以用挂钩挂起来，用来收纳口袋炉会很方便。因为有一定的深度，还可以再放入固体燃料一起收纳。材料和设计也很简单，适用于户外场景。因为不具防火性，所以口袋炉刚使用完仍很烫时，不要立即收纳起来。

便利的堆叠收纳示例

之前已经介绍了一些可与Mess tin饭盒或口袋炉组合使用的相关产品，同时还有其他一些自动烹饪必备的物品，若能一起收纳在Mess tin饭盒中，一定会很便利。这里给出三种风格的较为便利的堆叠收纳示例。

烹饪为主的风格

适合想要快捷而舒适地享受自动烹饪之乐趣的人群。准备4 g和14 g两种规格的固体燃料，便于调节火力。炉子则使用不锈钢炉，在不影响收纳性的前提下，又具备优越的防风性。还要准备蒸类料理所需的蒸架，这样任何种类的食谱都能够轻松应对。刀具、餐具也应有尽有，享用美食也就变得自在多了。

食材包风格

p.44 "三文鱼加银鱼盖饭"的食材分装打包好，只带上 Mess tin 饭盒就能够直接烹饪，特别适用于登山场景。食材只准备必需的分量放入保鲜袋中，可以预先冷冻以免腐坏，然后和保冷剂一起放入饭盒中，各种各样的食材都可以用这种方法分装打包。食材占用掉较多空间，但钛制炉的超小体积完美解决了空间不足的问题。

简洁风格

标准型口袋炉内收纳一盒固体燃料的简洁风格。空出来的空间可收纳挡风板、迷你手柄、小刀、打火机等物品，烹饪时就能毫无压力。折叠杯是在户外吃饭时能起大作用的多用途好物，用来混合调味料或者制作酱汁很方便。根据要做的料理的制作要求，有时直接带上调味料瓶也会是个不错的选择。

第1章

自动烹饪的基本方式，
仍然是以米为主要食材的自动"炊"。
作为Mess tin饭盒的主要烹饪方式，
"炊"也是自动烹饪的雏形。
首先就从这里开始尝试吧。

"炊"

自动"炊"的要点

浸泡时间
要根据食谱做调整

浸泡时间要根据食谱做调整。
如果没有时间，不浸泡直接煮
也没问题。也可以根据自己喜
欢的米饭软硬程度来调整浸
泡时间。

在闷饭的过程中
要保温

固体燃料燃尽之后，把Mess
tin饭盒翻转过来闷饭，使用
布等包裹可提高保温性，利用
余热再加热一会儿会让做好
的米饭更美味。

明太子芥菜饭

 14 g × 1

● 材料

免洗米…180 mL（150 g）

水…200 mL

腌芥菜…2 大勺

黄油…1 块（8 g）

明太子…1 个

粗磨黑胡椒碎…少许

做法

1 在 Mess tin 饭盒中放入免洗米和水，再放入腌芥菜，静置 30 分钟。

2 在 1 的材料上放上黄油。饭盒盖上盖子，点燃 14 g 的固体燃料。

3 加热至火熄灭，将饭盒盖子那面朝下翻转后用布包裹住，静置 10 分钟。

4 打开盖子，撒上粗磨黑胡椒碎，再放上明太子，吃时弄散拌匀。

POINT 放入腌芥菜之后，让米吸饱汁水，这样做出的米饭每一粒都很有滋味。

因为黄油的调和，腌芥菜的味道变得柔和，
与明太子和黑胡椒的辛香堪称绝配

炊版炒饭

 14 g × 1

● 材料

免洗米…180 mL（150 g）
水…200 mL
日式叉烧…90 g
大葱…1/4 根
中式风味调味酱…1 大勺
芝麻油…1 大勺

┌ 鸡蛋…1 个
A 油…适量
└ 盐…适量

盐…适量
白胡椒粉…适量
小葱…适量

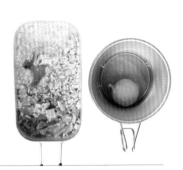

做法

1 在 Mess tin 饭盒中放入免洗米和水，浸泡 5 分钟让米充分吸水。

2 日式叉烧和大葱切碎。

3 2 的材料和中式风味调味酱、芝麻油一起放入饭盒中。饭盒盖上盖子，点燃 14 g 的固体燃料，加热至火熄灭。

4 在另一个锅中使用 A 的所有材料做成炒蛋，然后加入 3 的饭盒中混合拌匀，最后加入盐、白胡椒粉调味，撒上切成葱花的小葱。

POINT 炒蛋使用烹饪好的成品也是可以的。

用自动『炊』的方式轻松做出
日式叉烧风味的简单炒饭

简版西班牙海鲜饭

 14 g × 1

● 材料

虾（去头）…3只

免洗米…180 mL（150 g）

A ┌ 水…200 mL
  ├ 西式清汤颗粒*…1小勺
  ├ 姜黄粉…少许
  └ 大蒜（磨成泥）…少许

蛤仔…5个

橄榄油…1大勺

意大利欧芹…适量

柠檬（切成月牙形）…适量

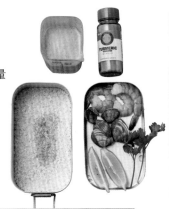

*西式清汤颗粒，指一般以鸡肉、牛肉、猪肉、蔬菜等为原料制成的颗粒状调味汤料产品。较为常见的是日本品牌AJINOMOTO的产品。

做法

1 虾去壳，去除虾线。

2 在Mess tin饭盒中放入免洗米和橄榄油，点燃14g的固体燃料，然后稍微翻炒一下。

3 加入A的所有材料和虾、蛤仔。饭盒盖上盖子。

4 加热至火熄灭，再闷10分钟。

5 打开盖子，撒上意大利欧芹，挤上柠檬汁。

POINT 使用市售袋装综合海鲜会更简单！使用姜黄粉可以轻松上色。

轻松简单获得外观华丽、
不漏掉一滴海鲜精华的料理

33

猪肉鸡蛋盖饭

 14 g × 1

● 材料

免洗米… 180 mL（150g）
水… 200 mL
猪五花肉 … 100 g
生姜… 1 片
鸡蛋（中等大小）… 1 个

┌ 酱油… 4 小勺
│ 砂糖… 2 小勺
A 醋… 1 小勺
│ 芝麻油… 1 小勺
└ 盐… 少许

九条葱 *（薄切成细圈状）… 适量

七味唐辛子… 少许
水（鸡蛋用）… 1 小勺

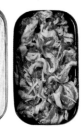

*九条葱，日本一种葱白短、葱叶长的葱。可用其他葱叶长且较粗的葱代替。

做法

1 在 Mess tin 饭盒中放入免洗米和水，浸泡 30 分钟让米充分吸水。

2 猪五花肉切成一口大小的薄片，生姜切丝，与 A 的所有材料混合拌匀腌渍 20 分钟。

3 在 1 的米上放上 2 的材料。饭盒盖上盖子，点燃 14 g 的固体燃料。

4 在铝制容器（可以用雪拉杯）中加入水，打入鸡蛋，盖上盖子（或用保鲜膜封口）后放在 3 的饭盒上。

5 加热至火熄灭，将饭盒盖子那面朝下翻转放置，再放上铝制容器，用布一起包裹住，静置 10 分钟左右。

6 打开盖子，加上薄切成细圈状的九条葱和从铝制容器中倒出的鸡蛋，撒上七味唐辛子。

POINT 在铝制容器中先加入水，鸡蛋煮好就能更轻松而完整地从容器中倒出来。

猪肉拌半熟鸡蛋，让人忍不住要狼吞虎咽的男士简餐

35

☑ 炊
☐ 煮
☐ 蒸
☐ 烤

红薯饭

 14 g × 1

**红薯香气四溢，
冬日里最推荐的一道温暖饭食**

●材料

免洗米…180 mL（150 g）

┌ 杂粮米…1大勺
A 出汁颗粒＊…1/2小勺
└ 水…220 mL

红薯…1/3根（100 g）

芝麻盐…适量

＊出汁颗粒，指一般以鲣节、日本昆布等为原料制成的颗粒状日式高汤调味产品。较为常见的是日本品牌AJINOMOTO的产品。

做法

1 在Mess tin饭盒中放入免洗米和A的所有材料，混合均匀，静置30分钟。

2 红薯切成边长1 cm的块。

3 在1的饭盒中放入红薯。饭盒盖上盖子，点燃14 g的固体燃料。

4 加热至火熄灭，再闷10分钟。

5 打开盖子，再次拌匀所有材料，撒上芝麻盐。

POINT 做成咖喱风味的也不错。还可以放入豆子和栗子！

☑ 炊
☐ 煮
☐ 蒸
☐ 烤

虾夷扇贝蟹味菇暖粥

 14 g × 1

● 材料

免洗米…30 g

水…300 mL

虾夷扇贝贝柱…50 g

蟹味菇…15 g

小葱…适量

出汁颗粒…1 大勺

盐…适量

白胡椒粉…适量

做法

1 在Mess tin饭盒中放入免洗米和水，浸泡15分钟让米充分吸水。

2 虾夷扇贝贝柱切碎。蟹味菇拆散。小葱切成葱花。

3 将2的材料和出汁颗粒都放入Mess tin饭盒中。饭盒盖上盖子，点燃14 g的固体燃料，加热至火熄灭。

4 打开盖子，用盐、白胡椒粉调味。

POINT 把虾夷扇贝贝柱切碎，让鲜味更充分地融入粥中。

墨西哥抓饭

 14 g × 1

● 材料

免洗米…180 mL（150 g）

水…120 mL

洋葱…1/4个

大蒜…1个

西班牙红肠（或普通香肠）…3根

番茄（切碎）…100 g

玉米粒…20 g

西式清汤块*…1个

欧芹碎…适量

辣椒粉…适量

盐…适量

*西式清汤块，指一般以鸡肉、牛肉、猪肉、蔬菜等为原料制成的块状调味汤料产品。较为常见的是日本品牌AJINOMOTO的产品。

做法

1 在Mess tin饭盒中放入免洗米和水，浸泡15分钟让米充分吸水。

2 洋葱、大蒜切碎。西班牙红肠切成1 cm厚的圆块。

3 将2的洋葱、大蒜、西班牙红肠，以及切碎的番茄、玉米粒、西式清汤块、辣椒粉都放入Mess tin饭盒中。饭盒盖上盖子，点燃14 g的固体燃料，加热至火熄灭。

4 打开盖子，用盐调味，可根据喜好撒上欧芹碎。

POINT 可根据喜好调整辛香料的用量，以获得满意的味道。

辛香料的气味让人上瘾，
简单的墨西哥风味料理

☑ 炊
☐ 煮
☐ 蒸
☐ 烤

烤鸡肉饭

14 g × 1

● 材料

免洗米…180 mL（150 g）

水…200 mL

烤鸡肉罐头…1罐

蟹味菇…20 g

盐…少许

小葱葱花…适量

山椒粉…少许

做法

1 在Mess tin饭盒中放入免洗米、水、烤鸡肉罐头（连带酱汁）、拆散的蟹味菇，再加入盐，静置30分钟。罐头盒中若残留有酱汁，可用分量中的少许水稀释，再全部加入饭盒中。

2 饭盒盖上盖子，点燃14 g的固体燃料。

3 加热至火熄灭，将饭盒盖子那面朝下翻转放置，用布包裹住，静置10分钟左右。

4 打开盖子，撒上小葱葱花、山椒粉，拌匀。

POINT 米与烤鸡肉罐头（连带酱汁）、蟹味菇一起浸泡，吸足汁水更易入味。

山椒粉搭配酱汁很完美，蟹味菇的口感也很美妙

中式粥

 14 g × 1

● 材料

免洗米…30 g	中式高汤…1大勺
水…300 mL	盐…适量
鸡肉…50 g	白胡椒粉…适量
芝麻油…适量	
小葱…适量	

做法

1 在Mess tin饭盒中放入免洗米和水，浸泡15分钟让米充分吸水。

2 鸡肉切成一口大小，小葱切成葱花。

3 在饭盒中再放入鸡肉、芝麻油、中式高汤。饭盒盖上盖子，点燃14g的固体燃料。

4 打开盖子，用盐、白胡椒粉调味，可根据喜好淋上芝麻油，撒上小葱葱花。

POINT 还可以根据喜好放入蟹味菇等菌类。

鸡肉搭配中式高汤，促进食欲的营养粥品

随处都可买到食材的
便利店食谱

这里介绍使用便利店中的食材，任何人都能够轻松制作的简单方便的食谱！以这些食谱作为参考，试着去探索属于自己的食谱吧。

三文鱼加银鱼盖饭

 14 g × 1

做法

1. 在Mess tin饭盒中将米淘洗干净，加入水，浸泡15分钟让米充分吸水。
2. 将三文鱼放在吸饱水的米上，再在表面均匀撒上银鱼和薄切成细圈状的九条葱。
3. 饭盒盖上盖子，点燃14 g的固体燃料。
4. 加热至火熄灭，将饭盒翻转放置，闷15分钟左右。

● 材料

盐烤三文鱼…1盒	米…180 mL（150 g）
银鱼…1盒	水…200 mL

九条葱（见p.34，薄切成细圈状）…适量

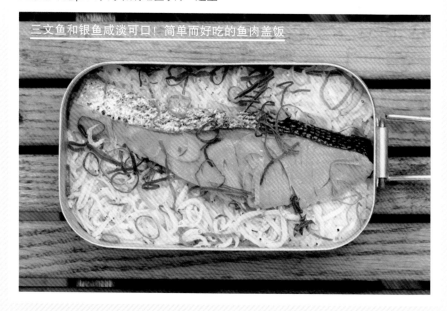

三文鱼和银鱼咸淡可口！简单而好吃的鱼肉盖饭

伪泡菜锅

 14 g × 1

用市售袋装水煮蔬菜
简单做出韩式泡菜锅的风味！

做法

1. 在Mess tin饭盒中放入韩式泡菜、猪肉味噌汤用综合水煮蔬菜（胡萝卜、白萝卜、魔芋等）和尽可能多的木棉豆腐。可根据喜好追加肉类或者蔬菜。

2. 饭盒盖上盖子，点燃14 g的固体燃料。

3. 加热至火熄灭，打开盖子，加入盐、韩式辣酱调味。

便利店炸鸡排盖饭

 4 g × 1

做法

1. 在Mess tin饭盒中放入盒装米饭，再放上便利店的炸鸡排。

2. 打散2个鸡蛋，放入酱油、味醂、砂糖等拌匀调味。

3. 在炸鸡排的上面，以绕圈的方式倒入2的鸡蛋液。饭盒盖上盖子，点燃4 g的固体燃料。

4. 加热至火熄灭，打开盖子，撒上适量白胡椒粉。

利用便利店的炸鸡排
做出简单的炸鸡排盖饭！

奶酪汉堡肉焗饭

 4 g × 2

用速食玉米浓汤
制作简单的焗饭

做法

1. 在Mess tin饭盒中放入盒装米饭，用100 mL左右的水溶解速食玉米浓汤料，浇在米饭上。
2. 放上汉堡肉，整休浇上酱汁，再放上1片奶酪片。
3. 饭盒盖上盖子，点燃2个并排摆放的4 g的固体燃料。加热至火熄灭。

满满鲭鱼肉的茶泡饭

 4 g × 2

鲭鱼的鲜味
与杂粮米超搭！

做法

1. 在Mess tin饭盒中放入1个杂粮饭团和1袋茶泡饭料。
2. 加入水煮鲭鱼罐头和100 mL水。饭盒盖上盖子，点燃2个并排摆放的4 g的固体燃料。
3. 加热至火熄灭，打开盖子，撒上小葱葱花。

烤香蕉布丁

 14 g × 1

布丁化开之后
与软乎乎的香蕉黏缠在一起！

做法

1 在Mess tin饭盒的内表面涂抹上适量的黄油。

2 放入切成适当大小的香蕉，再放入布丁。

3 饭盒盖上盖子，点燃14 g的固体燃料。

4 加热至火熄灭，打开盖子，撒上肉桂粉。

煮版炒拉面

 14 g × 1

用Mess tin饭盒
简单煮出炒拉面的风味！

做法

1 在Mess tin饭盒中放入掰开的方便面，再加入粉末汤料和200 mL左右的水。

2 放入适量切好的蔬菜。饭盒稍留缝隙地盖上盖子，点燃14 g的固体燃料。

3 加热至火熄灭，打开盖子，放上日式叉烧、水煮鸡蛋、即食笋干等。

第 2 章

关于自动烹饪，
食谱数量最多的就是这一章。
原因就是，
"煮"的方式的自动烹饪特别简单。
Mess tin 饭盒有一定的深度，
可以放入所有的食材，
之后只需加入高汤或者酱汁，
就能自动完成美味的煮类料理。

"煮"

自动"煮"的要点

灵活选择
盖盖子的方式

如果要用大火煮至沸腾，要把
盖子好好盖紧；如果要慢慢持
续炖煮，则要稍留缝隙。要根
据不同食谱灵活选择盖盖子的
方式。

质地硬的食材
放在底部

食材不同，加热变熟的情况也
会不同，可以将难熟的质地硬
的食材放在底部，以达成所有
食材均等煮熟的效果。

香肠版斯特罗加诺夫炖菜 14 g×1

● 材料

香肠…250 g（每根 50 g，5根）

大葱…2/3根

蘑菇…20 g

黄油…7 g

鲜奶油…50 mL

牛奶…100 mL

欧芹…适量

A ┌ 番茄汁…100 mL

　 │ 西式清汤颗粒（见p.32）…2 g

　 │ 月桂叶…1片

　 │ 黑胡椒粒…3粒

　 └ 白胡椒粒…3粒

做法

1. 在Mess tin饭盒中放入已室温软化的黄油。香肠每根斜切成4~5片，大葱切成一口大小，蘑菇切成薄片。

2. 在Mess tin饭盒中放入大葱、蘑菇，翻拌几下与黄油混合均匀，然后像要盖住大葱、蘑菇一样在上面铺满香肠。

3. 饭盒盖上盖子，点燃14 g的固体燃料，1分钟左右后打开盖子，加入A的所有材料，再次盖上盖子。

4. 煮至咕嘟咕嘟沸腾之后打开盖子，倒入鲜奶油和牛奶，充分拌匀后继续煮。

5. 火熄灭之后，撒上用手撕碎的欧芹。

POINT 确保大葱和蘑菇充分裹上黄油，这样就能避免焦煳。

火炙奶汁白菜

 14 g × 1

● 材料

白菜…1/10 个　　　　　　　　奶酪碎…1/2 杯（100 mL）

培根…3 片　　　　　　　　　　黄油…1 块（8 g）

A
┌ 牛奶…150 mL
│ 玉米淀粉…2 大勺
│ 西式清汤块（见 p.38，切碎）…1/2 个
│ 砂糖…1/2 小勺
│ 蒜泥…1/4 小勺
└ 白胡椒粉、盐、肉豆蔻粉…少许

做法

1　白菜切成一口大小，培根每片切成 4 等份。

2　在 Mess tin 饭盒中先铺上质地较硬的白菜，再放上半量的培根。

3　2 的材料上重叠覆盖 3 片白菜，再放上半量的培根，然后铺上剩余的白菜。

4　A 的所有材料充分拌匀之后浇到 3 的材料上，再撒上奶酪碎和切成丁的黄油。

5　点燃 14 g 的固体燃料，饭盒稍留缝隙地盖上盖子，加热。

6　火熄灭之后，打开盖子，用喷火枪稍微炙烤一下食材表面。

POINT　切好的白菜，要把质地较硬的铺在饭盒底部，这样会更容易煮熟。

浓郁的汤汁

可搭配吐司一起享用

胡椒火锅

 4 g × 3~

● 材料

虾夷扇贝贝柱…适量

蛤仔(去壳)…适量

蛤蜊(去壳)…适量

蟹味菇…1袋

大葱…1根

水菜(或豆苗、小白菜
等)…1/2束

粗磨综合胡椒碎…1小勺

A ⎡ 日本昆布出汁颗粒(见p.36)…2小勺
⎢ 黑胡椒粒…10粒
⎢ 白胡椒粒…10粒
⎢ 酱油…1大勺
⎢ 清酒…1大勺
⎣ 水…250 mL

做法

1 蟹味菇拆散，大葱斜切成短段。在Mess tin饭盒中放入蟹味菇、大葱、水菜，加入A的所有材料。在口袋炉中并排摆放3个4g的固体燃料并点燃。

2 1的材料煮至咕嘟咕嘟沸腾之后，加入虾夷扇贝贝柱、蛤仔、蛤蜊。

3 2的材料煮熟之后，撒入粗磨综合胡椒碎。

4 若需要还可以一边加入更多食材，一边追加4g的固体燃料，享受边煮边吃的火锅乐趣。

POINT 贝类可以根据自己的喜好选择3种左右。

慢悠悠地享用火锅，
食材精华充分释出造就鲜美汤汁

越南风味香蕉热甜汤

 14 g × 1

煮后香蕉的甜味完全融入汤中，
调和了椰浆与坚果的味道

● 材料

香蕉…2根

综合坚果…适量

椰浆…1罐

砂糖…2大勺

做法

1 香蕉去皮，切成两半。综合坚果粗粗切碎。

2 在Mess tin饭盒中放入除综合坚果外的所有
其余材料。饭盒盖上盖子，点燃14 g的固体燃
料，加热。

3 火熄灭之后，打开
盖子，撒入粗粗切
碎的综合坚果。

POINT 吃时可将香蕉捣碎与椰浆一起拌匀。冷藏后再吃也很美味。

肉桂苹果酱

 14 g × 1

苹果的绵甜
与肉桂的香味在口中蔓延

● 材料

苹果(红玉)…1个

砂糖…70 g(苹果的半量)

柠檬汁…1小勺

肉桂棒…1根

做法

1 苹果洗干净,切成8等份后去核,然后再带皮切成薄片。

2 在Mess tin饭盒中放入所有材料,充分拌匀,静置约10分钟至水分渗出。

3 点燃14 g的固体燃料,一边搅拌一边煮至火熄灭,静置冷却。

POINT 做好的果酱不仅可以用来搭配面包,作为肉类蘸酱也不错!

布法罗鸡翅

14 g × 1

4 g × 2

● 材料

鸡翅…4根
菠萝汁(100% 纯
  果汁)…100 mL
黄油…2块(16 g)

A ┌ 番茄酱…2大勺
  │ 卡宴辣椒粉…1小勺
  │ 蒜泥…1小勺
  │ 盐…1/3小勺
  │ 塔巴斯哥辣酱…10滴
  └ 砂糖…1/2小勺
    白胡椒粉…少许

做法

1 为使充分入味，在鸡翅的两面均用叉子扎洞。

2 在Mess tin饭盒中放入菠萝汁和A的所有材料，充分拌匀之后
   再放入1的鸡翅，然后把切成丁的黄油放入饭盒各处。

3 点燃14 g的固体燃料，饭盒稍留缝隙地盖上盖子，加热。

4 火熄灭之后，把2个4 g的固体燃料稍微间隔点空隙并排摆放
   在口袋炉中并点燃，饭盒取下盖子放在口袋炉上继续加热。

5 将鸡翅翻面，加热至火熄灭。

POINT 2个4 g的固体燃料稍微间隔点空隙摆放，可以使食材受热更均匀。

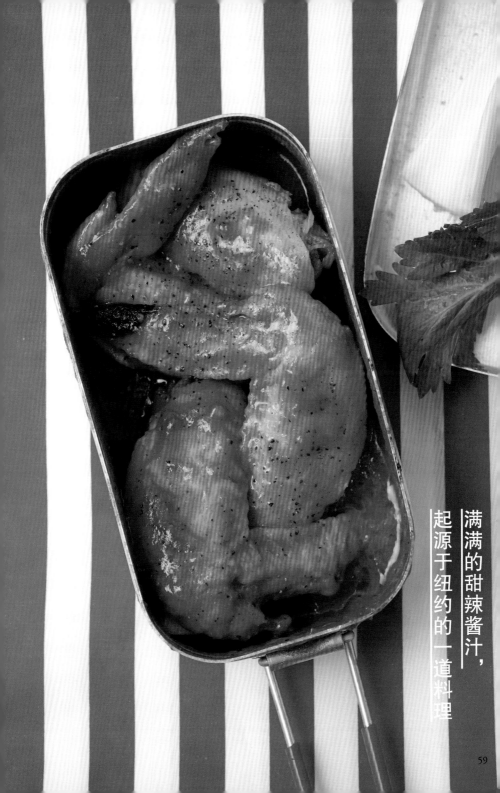

满满的甜辣酱汁，

起源于纽约的一道料理

炊
☑ 煮
蒸
烤

酸辣汤

14 g × 1

● 材料

水煮竹笋…50 g

蟹味菇…15 g

A
水…300 mL
中式高汤…1大勺
辣椒油…适量
醋…2大勺

小葱…适量

鸡蛋…1个

盐、白胡椒粉…各适量

辣椒油…适量

水淀粉（淀粉
1大勺，水20 g）

做法

1 水煮竹笋切成适合食用的大小。蟹味菇拆散。小葱切成葱花。

2 在Mess tin饭盒中放入水煮竹笋、蟹味菇、A的所有材料。饭盒盖上盖子，点燃14 g的固体燃料。

3 煮至沸腾之后，打开盖子，加入水淀粉勾芡，再加入已打散成蛋液的鸡蛋。

4 用盐、白胡椒粉调味，撒上小葱葱花，可根据喜好滴入辣椒油。

POINT 如果煮的时间过长味道会变浓重，可以加入水来调节。

即使是炎炎夏日吃起来也很清爽，早餐来一碗即刻元气满满

14 g × 1

4 g × 1

奶油奶酪通心粉

● 材料

斜管通心粉…60 g

奶油奶酪（小块独立包装型）…3块(约55 g)

西式清汤块(见 p.38)…1/2 个

水…200 mL

橄榄油…1 大勺

蒜泥…1/4 小勺

粗磨黑胡椒碎…适量

做法

1 在 Mess tin 饭盒中加入斜管通心粉、切碎的西式清汤块和水，静置40分钟。

2 在 1 的材料中倒入橄榄油和蒜泥，充分搅拌之后放上奶油奶酪。

3 点燃14 g的固体燃料，饭盒稍留缝隙地盖上盖子，加热。

4 火将熄灭时，再点燃1个4 g的固体燃料，饭盒取下盖子放在口袋炉上继续加热。

5 时不时搅拌一下，加热至火熄灭。

6 撒上粗磨黑胡椒碎。

POINT 斜管通心粉使用快煮型也是可以的。步骤 **5** 时，食材底部容易焦煳，要格外注意。

浓郁奶酪味道的斜管通心粉，很适合搭配粗磨黑胡椒碎

番茄意式烩饭

 14 g × 1

用番茄汁简单烹饪，
利用Mess tin饭盒做出传统意式烩饭

● 材料

米饭…1碗（150 g）

厚切培根…50 g

A ⎡ 番茄汁…200 mL
  ⎢ 西式清汤颗粒（见
  ⎢   p.32）…1小勺
  ⎢ 月桂叶…1片
  ⎣ 盐、白胡椒粉…各少许

B ⎡ 橄榄油…1大勺
  ⎣ 大蒜（切成薄片）…1瓣

C ⎡ 奶酪粉…适量
  ⎣ 黑胡椒粉…适量

做法

1 培根切成1cm宽，和B的所有材料一起放入 Mess tin饭盒中，点燃14 g的固体燃料，翻炒一下。

2 加入A的所有材料，盖上盖子煮至沸腾，打开盖子，加入米饭，搅拌均匀后继续煮。

3 火熄灭之后，撒上C的所有材料。

POINT 妙用剩下的凉米饭而演绎出的一道料理。

14 g × 1

□ 炊
☑ 煮
□ 蒸
□ 烤

高汤饺子

用Mess tin饭盒也能做好冷冻类方便食品，登山适用的简单汤料理

● 材料

冷冻饺子…5个

大葱…1/5根

水…300 mL

中式高汤…1大勺

芝麻油…适量

做法

1. 大葱切成葱花。

2. 在Mess tin饭盒中放入除芝麻油外的所有其余材料。饭盒盖上盖子，点燃14 g的固体燃料，加热。

3. 火熄灭之后，打开盖子，可根据喜好滴入芝麻油。

POINT 冷冻饺子预先自然解冻至一定程度，这样能更充分地吸收高汤的鲜味。

大人口味的
巧克力慕斯

 4 g × 1~

● 材料

┌ 白葡萄酒…120 mL
│ 无花果干（每个纵切
│ 　成4等份）…3个
A │ 棉花糖（每个切成
│ 　4等份）…4个
│ 葡萄干…1¹⁄₂ 大勺
└ 迷迭香…适量

┌ 板状巧克力（敲
│ 　碎）…1¹⁄₂ 片
B │ 琼脂…5g
└ 可可粉…约20 g

牛奶…255 mL
猕猴桃（切片）…1/2 个
柠檬皮碎…适量
迷迭香…适量

做法

1　将A的所有材料（部分材料已预先切好）放入Mess tin饭盒中，静置0.5～1日。

2　将B的所有材料混合均匀备用。

3　点燃4 g的固体燃料。取出迷迭香后将1的饭盒放在口袋炉上加热，再倒入牛奶，从底部向上翻拌所有材料让棉花糖溶化。继续从底部向上翻拌所有材料直至完全顺滑。

4　将2的材料分4次放入3的饭盒中，让材料彻底溶化。火熄灭之后，饭盒盖上盖子静置2～3小时。

5　4的材料凝固之后，打开盖子，再放上猕猴桃、迷迭香、柠檬皮碎。

POINT　步骤3时，为了避免食材底部焦煳，要充分翻拌直至完全顺滑。可随时追加4 g的固体燃料。

浓郁的口感与猕猴桃的酸味非常相配，
真正切合大人口味的一道甜点

☐ 炊
☑ 煮
☐ 蒸
☐ 烤

番茄炖
夏日蔬菜

14 g × 2

● 材料

西葫芦…1/4 根
茄子…1/4 根
彩椒 (红色)…1/4 个
彩椒 (黄色)…1/4 个
青椒…1 个
洋葱…1/4 个
鳀鱼…适量

大蒜…1 头
橄榄油…适量
番茄罐头…200 g
水…100 mL
西式清汤块 (见 p.38)…1 个
盐…适量
白胡椒粉…适量
雪维菜…适量

做法

1 西葫芦、茄子切成较厚的圆片或半圆片。彩椒、青椒切成滚刀块。洋葱切成月牙形。

2 点燃 1 个 14 g 的固体燃料。大蒜捣碎，与鳀鱼和橄榄油一起放入 Mess tin 饭盒中加热。香味出来后加入 1 的材料，稍微翻炒一下。

3 放入番茄罐头、水、西式清汤块后盖上盖子。点燃第 2 个 14 g 的固体燃料，开始煮。

4 火熄灭之后，打开盖子，用盐、白胡椒粉调味，淋上橄榄油，放上雪维菜。

POINT 煮时最好将不容易熟的西葫芦等放在底部。

放入了满满的蔬菜，
色彩丰富的健康料理

清汤炖洋葱

 14 g × 2

● 材料

洋葱（直径 7 ~ 8 cm）…1个

┌ 水…200 mL
A 白葡萄酒…1大勺
└ 西式清汤块（见 p.38）…1个

盐…极少许

黄油…1块（8 g）

欧芹、白胡椒粉…各少许

做法

1 洋葱横切成两半，在切面上划十字刀。

2 在 Mess tin 饭盒中放入 A 的所有材料，再放入 1 的材料。

3 洋葱上撒盐，每半个洋葱上放 1/2 块黄油。

4 饭盒盖上盖子，点燃 1 个 14 g 的固体燃料，加热。

5 火将熄灭时，再追加第 2 个 14 g 的固体燃料，点燃继续加热。

6 火熄灭之后，打开盖子，撒上用手撕碎的欧芹、白胡椒粉。

POINT 使用的洋葱越新鲜，做好后就会越鲜甜黏软。

简单但是有着浓郁的味道，
适合搭配法棍的一道汤料理

□ 炊
☑ 煮
□ 蒸
□ 烤

通心粉汤

 14 g × 1

简单易做的经典汤品,
豆子有嚼劲口感很好

● 材料

弯管通心粉(沙拉用)…30 g

维也纳香肠…2根

综合豆子…1袋(50 g)

水…400 mL

西式清汤颗粒(见p.32)…1小勺

盐、白胡椒粉…少许

做法

1 维也纳香肠切成1 cm厚的小块。

2 在Mess tin饭盒中放入所有材料。饭盒盖上盖子,点燃14 g的固体燃料,煮至弯管通心粉变软。

POINT 加入番茄做成意式蔬菜浓汤也是不错的。

72

☐ 炊
☑ **煮**
☐ 蒸
☐ 烤

法式炖三文鱼菌菇

 14 g × 1

推荐使用脂肪饱满的三文鱼，加入米饭还可以做成烩饭

● 材料

三文鱼…1块

杏鲍菇…1根

蟹味菇…1/3袋

白酱…80 g

牛奶…150 mL

西式清汤块（见p.38）…1个

黑胡椒粉…适量

做法

1 杏鲍菇切成长方形薄片。蟹味菇拆散。

2 白酱与牛奶混合均匀。

3 将除黑胡椒粉外的所有其余材料都放入 Mess tin 饭盒中。饭盒盖上盖子，点燃14 g 的固体燃料。

4 煮至沸腾之后，打开盖子，加入黑胡椒粉，继续煮至火熄灭。

POINT 最后可把三文鱼弄散，会更方便食用且更入味。

□ 炊
☑ 煮
□ 蒸
□ 烤

自制姜汁汽水
和柠檬汁糖浆

 14 g × 1
14 g × 1

● 材料

〈 自制姜汁汽水 〉

生姜…150 g

砂糖…150 g

水…50 mL

喜欢的香料(鹰爪辣椒 *、
　　八角等)…适量

碳酸水等(兑调用)…适量

*鹰爪辣椒，日本一种形似鹰
爪的很辣的红色辣椒。可用朝
天椒等代替。

〈 柠檬汁糖浆 〉

柠檬…1 个

砂糖…100 g

蜂蜜…2 大勺

水…50 mL

喜欢的香草(迷迭香、百
　　里香等)…适量

碳酸水等(兑调用)…适量

做法

〈 自制姜汁汽水 〉

1 生姜切成薄片。

2 在 Mess tin 饭盒中放入所有材料。点燃 1 个 14 g 的固体燃料。

3 一边搅拌一边煮至火熄灭，放入冰箱冷藏室中冷却。兑入碳酸
水等即可享用。

〈 柠檬汁糖浆 〉

1 柠檬切成薄片。

2 在 Mess tin 饭盒中放入所有材料，点燃 1 个 14 g 的固体燃料。

3 一边搅拌一边煮至火熄灭，放入冰箱冷藏室中冷却。兑入碳酸
水等即可享用。

POINT 由于放入了鹰爪辣椒，姜汁汽水会有辣味。不冷藏做成热的也可以。

炊
煮 ✓
蒸
烤

大福赤豆汤

 14 g × 1

● 材料

大福 (市售豆沙大福)⋯1 个

南瓜⋯1 个(约25 g)

A ┌ 水⋯200 mL
  │ 生姜泥⋯1/2 小勺
  └ 盐⋯少许

肉桂粉⋯少许

做法

1 南瓜切成边长5 mm左右的小方块。

2 大福用厨房剪刀按十字形剪成4等份。

3 2的大福中的3份用勺子取出内馅，放入Mess tin饭盒中 (表皮不放)。

4 A的所有材料放入3的饭盒中，充分混合均匀。1的南瓜和剩余的1/4个大福连同表皮一起加入。

5 饭盒盖上盖子，点燃14 g的固体燃料，加热至火熄灭。

6 打开盖子，放入3的剩余的表皮，撒上肉桂粉。

POINT 豆沙大福为整体口感添加了亮点。

活用豆沙大福，
生姜和肉桂也是很好的点缀

海鲜番茄浓汤

 14 g × 2

● 材料

虾(带头)…3只　　　　白葡萄酒…30 mL

虾夷扇贝(去壳)…2个　番茄罐头…180 g

枪乌贼…2只　　　　　西式清汤块(见p.38)…1个

洋葱…1/3个　　　　　盐…适量

大蒜…1瓣　　　　　　白胡椒粉…适量

黄油…10 g　　　　　　欧芹碎…适量

做法

1 虾去除虾线，枪乌贼去除内脏及软骨。

2 洋葱切成月牙形，大蒜切碎。

3 点燃1个14 g的固体燃料。在Mess tin饭盒中放入黄油和大蒜
稍微炒一下，然后摆放好虾、虾夷扇贝、枪乌贼、洋葱，再加入
白葡萄酒、番茄罐头、西式清汤块，盖上盖子一起煮。

4 火将熄灭时，再追加第2个14 g的固体燃料，点燃继续煮。

5 火熄灭之后，打开盖子，用盐、白胡椒粉调味，可根据喜好撒
上欧芹碎。

POINT 使用带头的虾会让汤汁更出味道。

海鲜煮出的汤汁味道浓郁，
最后还可以放入意大利面

费尽心思巧妙组合的冷冻食品食谱

现在冷冻食品的种类变得相当丰富。已经事先调味只需加热处理的冷冻食品，与自动烹饪的相适度很高。这里介绍一些通过不同的组合形式来收获意外美味的食谱！

满满海鲜的意式烩饭

 14 g × 1

● 材料

综合海鲜…1/2 袋

虾仁抓饭（市售）…1/2 袋

橄榄油…适量

番茄酱（纸盒包装）…1 盒

欧芹碎…适量

做法

1 在Mess tin饭盒中倒入橄榄油，点燃 14 g的固体燃料，加热。

2 倒入综合海鲜，稍微加热一会儿。然后倒入虾仁抓饭、番茄酱，搅拌均匀，盖上盖子。

3 加热至火熄灭，打开盖子，撒上欧芹碎。

只需加入番茄酱，即可变身为简单的意式烩饭！

浇汁风味烤饭团

 14 g × 1

香喷喷的烤饭团
与中式浇汁很搭！

做法

1. 在Mess tin饭盒中并排放入2个烤饭团。
2. 把中式盖饭浇头材料从上方倒入（若为冷冻状态，就放在烤饭团的下面）。
3. 饭盒盖上盖子，点燃14 g的固体燃料，加热至火熄灭。

迷你卷心菜汉堡肉汤

 14 g × 1

做法

1. 用卷心菜叶片将5个迷你汉堡肉分别包起来。
2. 在Mess tin饭盒中放入 1 的迷你卷心菜汉堡肉和适量切好的培根，加入1个西式清汤块（见p.38）和250 mL左右的水。
3. 饭盒盖上盖子，点燃14 g的固体燃料，加热至火熄灭。

可爱的迷你卷心菜汉堡肉，
一道简单美味的汤料理！

第 3 章

使用蒸架,
Mess tin饭盒即可变身为自动蒸锅。
灵活运用其热导率高的优点,
无论何种料理都能很快蒸好。
从意想不到的乌冬面到经典的烧卖,
来试着挑战各种各样的食材吧。

"蒸"

自动"蒸"的要点

水的量要多一些

蒸时若 Mess tin 饭盒中水量太少,水完全蒸发掉之后就会变成空烧的状态,可能导致 Mess tin 饭盒损坏。所以要多放一些水,或者一边加热一边添足水。

注意不要填塞太满

Mess tin 饭盒加热时,不仅是底部,侧壁的温度也会变高。因此,填塞太满导致食材接触到饭盒侧壁的话,接触部分就可能焦煳。应稍微间隔点空隙,或者进行涂油处理。

- [ ] 炖
- [ ] 煮
- [✓] 蒸
- [ ] 烤

泰式咖喱乌冬面

 14 g × 1

● 材料

水煮乌冬面（袋装）…1块
罐头（泰式黄咖喱鸡肉）…1罐
橄榄油…2小勺
水…150 mL
香菜…适量
鹰爪辣椒（见p.74，切成圆圈状）…1根
青柠…适量

做法

1　从袋子一端开口处，给水煮乌冬面的两面都浇上橄榄油，然后连带袋子纵切成两半。

2　在Mess tin饭盒中放入蒸架，加入水，再将1的乌冬面从袋子内取出放在蒸架上。

3　点燃14 g的固体燃料，饭盒稍留缝隙地盖上盖子，在盖子上放上罐头（拉起易拉环稍微开个口子），加热。

4　火熄灭之后，把饭盒中的热水倒掉，取出蒸架，盖紧盖子稍微晃动一下使乌冬面散开。

5　打开罐头，倒入4的乌冬面中充分拌匀，再放入香菜和切成圆圈状的鹰爪辣椒。可根据喜好挤上青柠汁。

POINT　橄榄油能起到不让乌冬面黏在一起的作用。为了防止加热时膨胀爆裂，罐头必须开个口子。

黏糯筋道的乌冬面
与泰式咖喱充分融合！

生食火腿与蒸胡萝卜沙拉 🥄 4 g × 1

● 材料

生食火腿（可选意式风干火腿
　等）…4 片

橙子…1 个

杏干（小的，粗粗切碎）…2 个

胡萝卜（切丝）…50 ~ 60 g

┌ 肉桂粉…1/2 小勺

A　砂糖…1 小勺

└ 香草盐…适量

白葡萄酒…50 mL

迷迭香碎…适量

百里香…适量

粗磨黑胡椒碎…适量

做法

1 橙子切成两半，把果肉掏出来，果皮用作盛放器具。

2 将 **1** 的橙子果肉与粗粗切碎的杏干、切成细丝的胡萝卜、A 的所有材料一起放入大碗等器具中拌匀。

3 将 **2** 的材料放入 **1** 的橙子果皮中。

4 在 Mess tin 饭盒中倒入白葡萄酒，放入蒸架，摆上 **3** 的橙子果皮，再撒上迷迭香碎。饭盒盖上盖子，点燃 4 g 的固体燃料。

5 加热至火熄灭，打开盖子，放上生食火腿和百里香，撒上粗磨黑胡椒碎。

POINT 为使胡萝卜保留原有的口感，要注意不能蒸过头。

奶酪火锅

 14 g × 1

同时加热，烹饪简单！
搭配应季的蔬菜来享受吧

● 材料

卡芒贝尔奶酪…1个

喜欢的食材（维也纳香
　　肠、西蓝花、胡萝卜、
　　土豆等）…适量

水…适量

做法

1 在卡芒贝尔奶酪的表面划十字花刀，用锡纸
包裹住奶酪的底部及侧面一圈。蔬菜均切成
一口大小。

2 在Mess tin饭盒中放入蒸架，加入大概1 cm
高的水，放上**1**的材料。饭盒盖
上盖子，点燃14 g的固体燃料。

3 加热至火熄灭，打开盖子，蘸
着卡芒贝尔奶酪来享用。

(**POINT**) 包裹住奶酪的锡纸恰好起到盛具的作用。

味噌黄油牛油果

 14 g × 1

牛油果的大小刚刚好！
味噌搭配黄油的味道让人沉迷

● 材料

牛油果…1个

A ┌ 味噌…1大勺
　└ 蜂蜜…1大勺

黄油…10 g

水…适量

做法

1 牛油果切成两半后去掉核，在内侧纵横交错地划上几刀。混合A的所有材料做成味噌蜂蜜酱。

2 在Mess tin饭盒中放入蒸架，加入大概1 cm高的水，放上牛油果。饭盒盖上盖子，点燃14 g的固体燃料。

3 加热至火熄灭，打开盖子，涂上味噌蜂蜜酱，在果核凹坑处放上黄油。

POINT 牛油果蒸了之后变得软乎乎的！涂上味噌蜂蜜酱，再放上黄油，用勺子享用吧。

超大烧卖

14 g × 2

4 g × 1

● 材料

综合绞肉(猪肉牛肉混合)…350 g

莲藕…30 g

金针菇…30 g

大葱…30 g

小白菜(只用叶片)…4～6片

烧卖皮…9片

水…150 mL

芝麻油(涂抹用)…适量

┌ 芝麻油…1大勺

│ 清酒…1大勺

│ 蚝油…1大勺

A 盐…少许

│ 白胡椒粉…少许

│ 酱油…2大勺

└ 砂糖…1大勺

香菜…适量

做法

1 莲藕、金针菇、大葱分别切成较粗的末。

2 综合绞肉、1的材料、A的所有材料都放到同一个大碗中，混合搅拌至顺滑。

3 在Mess tin饭盒中放入蒸架，加入水，将小白菜叶片铺满整个蒸架。

4 在3的小白菜叶片上放上2的材料，再用烧卖皮覆盖整体表面。覆盖好的烧卖皮表面均匀涂抹上芝麻油。

5 饭盒盖上盖子，点燃1个14 g的固体燃料，火将熄灭时再追加第2个14 g的固体燃料。

6 加热至火熄灭，打开盖子，用竹签刺入烧卖以确认中心是否熟透，如果还未熟透就再追加1个4 g的固体燃料，盖上盖子继续加热。

7 蒸好后打开盖子，撒上香菜。

(**POINT**) 用竹签刺入时，有清澈的肉汁渗出，就说明中心熟透了。

90

满满的肉汁，
原汁原味的好味道！

第 4 章

"烤"算是基础烹饪方式之一，
但是在基本只是放置着加热而不做
额外的烹调加工的自动烹饪中，
却是意外地有点难度。
不过，还是有好的对策和技巧的。
从可爱的松饼等甜点类食谱，
到以肉为主材的食谱，
让我们来做出美味的烤类料理吧。

"烤"

自动"烤"的要点

防止焦煳的技巧

烤类料理特别需要注意防止焦煳，运用 p.15 介绍的防止焦煳的技巧，放置不管地做烤类料理也不会有问题。

内侧要充分涂抹

在烤松饼等的时候，要先在饭盒的内表面（底面及侧面）充分涂抹上黄油，盖子的内表面也要涂抹。其他的烤类料理是一样道理，要稍微多放一些油，以防止食材接触饭盒侧壁的部分焦煳了。

☐ 炊
☐ 煮
☐ 蒸
☑ 烤

牛油果肉糕

14 g × 2

4 g × 1

● 材料

牛油果（大的）…1个

鸡绞肉…350 g

洋葱（切碎）…1/2个

樱桃番茄（每个均4等
分）…8个

柠檬汁…适量

香草盐…适量

柠檬片…适量

雪维菜或百里香…少许

A
┌ 西式清汤颗粒（见p.32）…1½ 大勺
│ 肉豆蔻粉…1/4 小勺
│ 丁香粉…1/4 小勺
│ 多香果粉…1/4 小勺
└ 肉桂粉…1/4 小勺

做法

1 牛油果切成两半，去皮去核备用。

2 混合鸡绞肉、洋葱、A的所有材料，搅拌至顺滑。

3 运用p.15介绍的防止焦煳的技巧，贴合Mess tin饭盒的形状铺
上烘焙纸。

4 在3的烘焙纸内填塞入2的材料，然后像是嵌入肉中一样放入
1的牛油果。

5 饭盒盖上盖子，点燃1个14 g的固体燃料。火将熄灭时再追加
第2个14 g的固体燃料。

6 加热至火熄灭，饭盒用布包裹住静置15分钟。

7 将切好的樱桃番茄用柠檬汁、香草盐拌一下备用。

8 打开盖子，将7的材料放入牛油果的果核凹坑处，再放上柠檬
片、雪维菜或百里香。

POINT 步骤6中，火熄灭之后可打开盖子，用竹签刺入牛油果中再拔出贴在唇上，
如果不烫可再追加1个4 g的固体燃料，盖上盖子继续烤。

给肉调味的香料是美味的关键，牛油果搭配番茄不会让人觉得腻味

□ 炊
□ 煮
□ 蒸
☑ 烤

香蕉巧克力豆蛋糕

14 g × 1

4 g × 1

● 材料

香蕉…1/2根
松饼粉…150 g
牛奶…100 mL
巧克力豆…适量
黄油(涂抹用)…适量

做法

1 香蕉切成圆片。

2 松饼粉和牛奶混合均匀做成面糊。

3 在Mess tin饭盒的内表面充分涂抹上黄油(在四角处要多涂一些,盖子的内表面也要涂抹)。

4 在3的饭盒中倒入2的面糊,再分散放入香蕉、巧克力豆。

5 饭盒盖上盖子,点燃14 g的固体燃料。

6 加热约9分钟后,将饭盒盖子那面朝下翻转放置,继续烘烤。火将熄灭时再追加4 g的固体燃料,加热至火熄灭就烤好了。

POINT 步骤6中,若饭盒翻转后有液体漏出,就应倒转回去多烘烤一会儿再翻转。

Mess tin 饭盒中的松软蛋糕！

黏软的巧克力和香蕉是绝不会出错的搭配

意式烘蛋

 14 g × 1

● 材料

西葫芦…1/2根

培根…2片

樱桃番茄…6个

鸡蛋…2个

披萨用奶酪碎…50 g

橄榄油…2大勺

盐、胡椒粉…各少许

黑胡椒粉…少许

做法

1　西葫芦切成薄片。培根切成1 cm宽。鸡蛋打散成鸡蛋液。

2　在Mess tin饭盒中放入西葫芦、培根，倒入橄榄油。点燃14 g
的固体燃料，翻炒一下。

3　加入樱桃番茄、鸡蛋液、披萨用奶酪碎、盐、胡椒粉，混合拌匀，
盖上盖子。

4　加热至火熄灭，打开盖子，撒上黑胡椒粉。

POINT 油多用一些以实现炸烤的效果，这样烘蛋就不会与饭盒粘连。

番茄、奶酪与鸡蛋堪称绝配！
意大利风味的蛋料理

Mess tin 饭盒版松饼

4 g × 2

● 材料

A ┌ 松饼粉…150 g
　│ 鸡蛋…1个
　└ 牛奶或水…50 mL
黄油（涂抹用）…适量
黄油、枫糖浆…适量

做法

1 在食品用塑料袋中放入A的所有材料，充分揉捏混合均匀做成面糊。

2 在Mess tin饭盒的内表面充分涂抹上黄油（在四角处要多涂一些，盖子的内表面也要涂抹）。

3 点燃1个4g的固体燃料，黄油熔化之后剪开食品用塑料袋的一角，让半量的1的面糊流到饭盒中。

4 待面糊的表面出现孔洞之后，用筷子贴紧饭盒的内壁划一圈，以确认没有粘连的情况，盖上盖子后迅速地翻转饭盒。

5 加热至火熄灭。保持盖子那面朝下的状态，打开饭盒取出松饼。剩下的一半面糊也用同样的方法来烤。

6 可根据喜好搭配黄油、枫糖浆一起享用。

POINT 黄油融入面糊带来更醇厚的味道！ 使用色拉油也是可以的。

Mess tin饭盒形状的松饼也很可爱！
烤得松软的经典甜点

三文鱼布丁

14 g × 3

4 g × 2

● 材料

三文鱼碎…100 g

土豆（切成薄片）…250 g

洋葱（切成薄片）…1/2个（100 g）

莳萝…3 ~ 5 g

粗磨黑胡椒碎…1小勺

珍的魔法混合岩盐 *…1小勺

黄油…7 g

A ⎰ 奶酪粉…1大勺
　⎱ 盐…1/4小勺
　　白胡椒粉…少许
　　鸡蛋…1个
　　牛奶…150 mL
　⎱ 大蒜粉…少许

*珍的魔法混合岩盐，指美国生产的名为"JANE'S Krazy Mixed-up Salt"的一种调味盐，以岩盐为基础，加入胡椒、洋葱、百里香、芹菜、牛肉、大蒜等混合而成。

做法

1 A的所有材料放在大碗中，混合拌匀备用。

2 土豆中撒入珍的魔法混合岩盐，洋葱中加入已室温软化的黄油并混合均匀。三文鱼碎中撒入粗磨黑胡椒碎。

3 运用p.15介绍的防止焦煳的技巧，贴合Mess tin饭盒的形状铺上烘焙纸。

4 在**3**的烘焙纸中依序层叠地放入1/3量的土豆、半量的洋葱、半量的三文鱼碎，撒上1/3量的莳萝。然后再把以上步骤重复一次，最后在表面再铺放一层1/3量的土豆。

5 在**4**的材料中倒入**1**的材料，盖上盖子。首先点燃1个14 g的固体燃料，然后按照2个并排摆放的14 g、再2个并排摆放的4 g的顺序，在火将熄灭时不断追加固体燃料。

6 火熄灭之后，饭盒用布包裹住静置15分钟左右。

7 打开盖子，撒上剩下的1/3量的莳萝。

POINT 土豆切成薄片，层叠铺放时更易熟透，同时也更易吸收三文鱼的鲜味。

热乎乎的土豆
和三文鱼是最佳搭配！
切分以让更多人享用

- [ ] 炊
- [ ] 煮
- [ ] 蒸
- [x] 烤

蒜香烤虾

 4g × 3

● 材料

虾(去头,大个头的)…5只　　岩盐…1/4小勺

A
┌ 橄榄油…2大勺　　　　　黄油…1块(8g)
│ 蒜泥…1小勺　　　　　　粗磨黑椒碎…少许
│ 生姜泥…1小勺　　　　　柠檬…适量
└ 白葡萄酒…2小勺

做法

1　虾去脚,去除背部的虾线和腹部的虾筋,用水洗净之后擦干水。

2　在Mess tin饭盒中放入A的所有材料,充分拌匀后放入1的虾,
混合拌匀后静置10分钟备用。

3　在2的材料中加入岩盐和切成丁的黄油。饭盒稍留缝隙地盖上
盖子,同时点燃3个4g的固体燃料。

4　加热至开始沸腾冒泡时,取下盖子继续加热,中途将虾翻面。

5　火熄灭之后,撒上粗磨黑胡椒碎,挤上柠檬汁。

POINT　油可能会飞溅出来,所以橄榄油不宜太多。记得中途将虾翻面。

夏威夷风味的烤虾，营造夏日氛围！

酥脆的虾挤上柠檬汁来享用吧

烤苹果

14 g × 3

4 g × 1

● 材料

苹果（直径约 8 cm，带有
　酸味的品种）…1个
牛奶焦糖（市售）…4个
黄砂糖…4小勺

朗姆酒…1小勺
水…2大勺
丁香粉、肉桂粉…各少许

做法

1　在 Mess tin 饭盒中放入水，将锡纸重叠成两层，铺在 Mess tin 饭盒中，不仅要覆盖饭盒底面，还要覆盖侧面至一定高度。

2　苹果去皮，横切成两半，用勺子把果核挖掉，注意不要挖穿苹果的底部。

3　在2的苹果挖去果核后的2个凹坑中分别放入1小勺黄砂糖、1/2小勺朗姆酒，再分别放入2个牛奶焦糖，在凹坑周围一圈也分别撒上1小勺黄砂糖和丁香粉、肉桂粉。

4　饭盒盖上盖子，点燃3个并排摆放的14g的固体燃料，加热。

5　火将熄灭时，把4g的固体燃料分割成两半，分别放在苹果下方的位置，继续加热。

POINT　因为容易焦煳，所以锡纸不仅要覆盖饭盒的底面，连侧面也要覆盖至一定高度。
　　　　去掉苹果皮能让烤出的酱汁更美味。

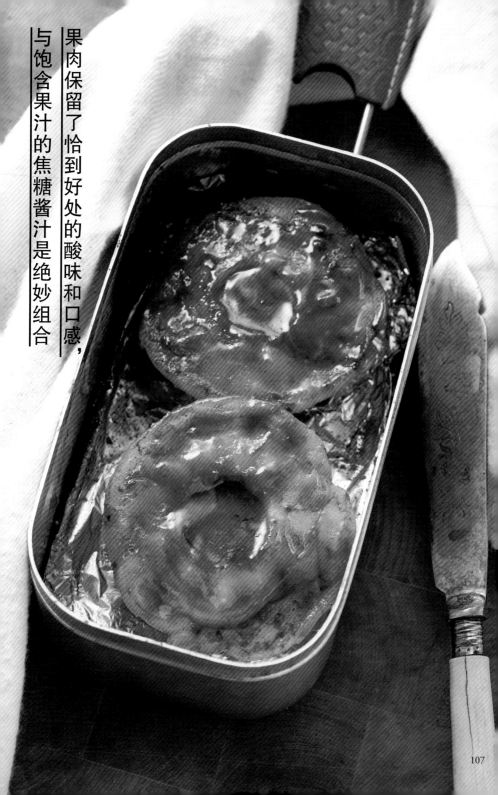

果肉保留了恰到好处的酸味和口感，与饱含果汁的焦糖酱汁是绝妙组合

布丁奶油面包

14 g × 2

4 g × 1

● 材料

A
┌ 高筋面粉…100 g
│ 松饼粉…100 g
│ 泡打粉…1/2 小勺
└ 盐…少许

B
┌ 酸奶…90 g
└ 牛奶…2 大勺

柠檬皮碎…1/4 杯（50 mL）

黄油…10 g

布丁（市售烤布丁）…140 g

黄油（涂抹用）…适量

做法

1　A 和 B 的所有材料分别混合均匀，做成面包粉和酸牛奶。

2　1 中混合好的 A 的面包粉中放入已室温软化的黄油，揉搓混合。

3　1 中混合好的 B 的酸牛奶和 2 的材料混合均匀，揉捏成团后滚圆，用保鲜膜包裹，醒面 30 分钟左右。

4　3 的材料中混入柠檬皮碎，揉捏成团后滚圆。

5　运用 p.15 介绍的防止焦煳的技巧，贴合 Mess tin 饭盒的形状铺上烘焙纸。

6　4 的面团分成 3 份，分别滚圆后擀开成面饼，在每份面饼中央放上一大勺布丁，然后包起来。

7　6 的面团并排放入 5 的烘焙纸中，面团表面充分涂抹上黄油。饭盒盖上盖子，点燃 1 个 14 g 的固体燃料。

8　火将熄灭时再追加第 2 个 14 g 的固体燃料。

9　火熄灭之后，用竹签测试确认已烤好，饭盒用布包裹住静置2～3 小时。

POINT　步骤 9 中，火熄灭之后打开盖子，用竹签刺入面包中再拔出贴在唇上，如果不烫可再追加 1 个 4 g 的固体燃料，盖上盖子继续烤。

焦黄的烤色
让人无法抗拒，
软糯的面团和布丁的组合，
味道和分量都让人大大满足

蛋黄酱奶酪焗鱼糕

 14 g × 2

● 材料

半平鱼糕*（大片的）…1片

水煮鸡蛋…2个

综合豆子…50 g

披萨用奶酪碎…50 g

*半平鱼糕，也被称为半片鱼糕，
日本鱼糕的一种，在鱼肉泥中加
入山药等混合整形后煮制而成。

A ┌ 洋葱（切碎）…1/2个
  ├ 蛋黄酱…2大勺
  ├ 粗粒黄芥末酱…1大勺
  ├ 牛奶…2大勺
  ├ 盐…适量
  └ 白胡椒粉…适量
欧芹碎…适量

做法

1 鱼糕切成边长2 cm的块。水煮鸡蛋切成厚5 mm的圆片。A的所有材料混合均匀。

2 在Mess tin饭盒中放入半量的混合好的A，再放入鱼糕、水煮鸡蛋、综合豆子，然后均匀浇上剩下的半量的混合好的A。

3 最后撒上披萨用奶酪碎。饭盒盖上盖子，点燃1个14 g的固体燃料，火将熄灭时再追加第2个14 g的固体燃料，继续加热。

4 烤好之后，打开盖子，撒上欧芹碎。

POINT 食材太满容易溢出，铺到饭盒上部一圈凹槽的位置即可。

松软的鱼糕
融合了蛋黄酱及奶酪的浓郁味道，
让人停不住口

□ 炖
□ 煮
□ 蒸
☑ 烤

猕猴桃面包布丁

14 g × 1

4 g × 1

● 材料

法棍…1/3 根

牛奶…200 mL

细砂糖…30 g

鸡蛋…2 个

绿心猕猴桃…1/2 个

黄心猕猴桃…1/2 个

枫糖浆…适量

做法

1 将 50 mL 牛奶、15 g 细砂糖放入 Mess tin 饭盒中混合。法棍切成一口大小的滚刀块，然后放入 Mess tin 饭盒中浸泡备用。

2 将打散的鸡蛋、150 mL 牛奶、15 g 细砂糖混合均匀，绕着圈浇在 **1** 的法棍上。

3 绿心猕猴桃和黄心猕猴桃均去皮，分别切成圆片，再摆放在 **2** 的法棍上。

4 饭盒盖上盖子，点燃 14 g 的固体燃料。

5 加热至火熄灭，打开盖子，均匀浇上足量的枫糖浆。

POINT 步骤 **5** 中，打开盖子时若食材表面还没有凝固，再追加 1 个 4 g 的固体燃料，盖上盖子继续加热。

和微酸的猕猴桃堪称绝配！渗入甜味的法棍

与家人们一起享用！
大号Mess tin饭盒食谱

这里要介绍使用比普通Mess tin饭盒更适合家庭的大号Mess tin饭盒制作的更丰富的食谱！请与家人们一起享用吧。

简单的双拼饺皮披萨

 14 g × 1

● 材料

饺子皮…6 片	维也纳香肠…适量
披萨酱…适量	金枪鱼罐头…1 罐
橄榄油…适量	玉米…适量
洋葱丝…适量	披萨用奶酪碎…适量
意大利欧芹…适量	

做法

1 在大号Mess tin饭盒中倒入橄榄油，再将饺子皮边缘相互重叠黏合地铺在饭盒中。

2 将披萨酱涂满饺子皮表面，左半边放上洋葱丝和维也纳香肠，右半边放上金枪鱼罐头和玉米。

3 在 2 的表面撒满披萨用奶酪碎。饭盒盖上盖子，点燃14 g的固体燃料。

4 加热至火熄灭，打开盖子，用喷火枪炙烤表面直至呈金黄色，再撒上意大利欧芹。

可以和孩子一起制作的经典又简单的双拼披萨！

满满卷心菜的豚平烧

 14 g × 2

分量超赞，
家人一定都能满足！

做法

1　点燃2个并排摆放的14 g的固体燃料。在大号Mess tin饭盒中倒入油，再加入1/4个切成大片的卷心菜、1/2袋豆芽、150 g猪肉片，一起翻炒。

2　用盐、白胡椒粉调味，全部材料变软之后把材料往饭盒手柄侧部分移动。

3　在饭盒空出来的手柄对侧部分倒入多一些的油，再倒入3个打散成蛋液的鸡蛋，手柄对侧部分挪动到贴近火源处。

4　饭盒盖上盖子，加热至火熄灭。打开盖子，将煎烤好的鸡蛋翻起来盖在蔬菜肉片上，可根据喜好浇上酱汁、蛋黄酱等调味。

寿喜烧锅

 14 g × 2

做法

1　在大号Mess tin饭盒中倒入薄薄一层的油，根据喜好决定食材种类及数量，可放入牛肉、白菜、大葱、烤豆腐、魔芋丝等。

2　将100 mL水、100 mL酱油、30 g砂糖、100 mL味醂混合均匀制作成酱汁，再绕着圈倒入饭盒中。

3　饭盒盖上盖子，点燃2个并排摆放的14 g的固体燃料，加热至火熄灭。

4　鸡蛋打散成蛋液，煮好的食材蘸上蛋液来享用。

热效率极佳的Mess tin饭盒
做出的寿喜烧也很美味！

蒸蔬菜肉卷

 14 g × 1

> 可以改换蔬菜种类和酱
> 享受不同形式的变化!

做法

1. 在大号Mess tin饭盒中放入蒸架,倒入0.5 cm左右高的水。

2. 根据喜好决定蔬菜种类及数量,可准备水菜、豆苗、豆芽等,用猪肉片卷好后摆在蒸架上。撒上白胡椒粉。

3. 饭盒盖上盖子,点燃14 g的固体燃料,加热至火熄灭。蒸好的肉卷可以蘸柚子醋酱油*来享用。

*柚子醋酱油,也称为柑橘醋酱油、橙醋酱油,指由日本柚子(香橙)、柠檬、酢橘、酸橙等柑橘类水果的果汁、醋、酱油等制成的一种日式调味汁。

彩色蔬菜配皮埃蒙特酱

 14 g × 1
4 g × 1

> 色彩丰富的蔬菜
> 让Mess tin饭盒更鲜艳!

做法

1. 首先把1大勺蒜泥、5条捣碎的鳀鱼、4大勺牛奶、适量的盐和白胡椒粉、4大勺橄榄油放入雪拉杯中。点燃4 g的固体燃料加热,做成皮埃蒙特酱备用。

2. 在大号Mess tin饭盒中放入蒸架,倒入0.5 cm左右高的水,再根据喜好将红彩椒、黄彩椒、西蓝花、芦笋等蔬菜摆在蒸架上。

3. 饭盒盖上盖子,点燃14 g的固体燃料,加热至火熄灭。蒸好的蔬菜可以蘸1中加热好的酱汁来享用。

巧克力火锅

 14 g × 2

小孩子也会喜欢的
午后甜点

做法

1 在大号Mess tin饭盒中倒入2 cm左右高的水，点燃2个并排摆放的14 g的固体燃料，加热备用。

2 在雪拉杯中放入200 mL牛奶和切碎的2片巧克力，把雪拉杯放入 1 的饭盒中。

3 水沸腾之后，搅拌 2 的雪拉杯中的牛奶巧克力使巧克力充分熔化，可以用切好的香蕉、棉花糖等蘸着吃。

千层日式锅

 14g × 2

做法

1 在大号Mess tin饭盒中层叠交叉地摆好猪五花肉片和白菜叶片。

2 整体撒上日式风味的出汁粉末，然后绕着圈倒入300 mL水。

3 饭盒盖上盖子，点燃2个并排摆放的14 g的固体燃料，加热至火熄灭。

样式豪华的
经典日式锅料理

去除焦煳物的方法

因为 Mess tin 饭盒是铝制品，所以采用油和水都较少的烹饪方式时很容易产生焦煳物。特别是采用 "炊" "烤" 等烹饪方式时要特别注意。这里介绍利用醋和阳光解决焦煳物的方法。

① 加入醋煮至沸腾

在 Mess tin 饭盒中倒入能完全浸泡住焦煳物的足量的水，再加入 2 大勺醋，轻轻搅拌后开火。沸腾后持续煮直至锅底的焦煳物变软。

② 在阳光下晾干

在阳台或者庭院等地方，以能让阳光轻易直射到内底面的角度将饭盒竖着挂起来。晴天的话 1 ~ 2 日、阴天的话 1 周左右能晾干。如果是下雨的天气就要收回室内。

③ 去除焦煳物

在经过充足的紫外线照射之后，焦煳物变得干燥且处处出现裂纹。先用手指捏着易剥离的焦煳物撕下来，不易剥离的焦煳物用海绵等轻轻擦拭以彻底去除。

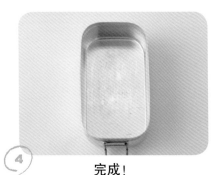

④ 完成！

直接用棕毛刷或钢丝球等唰唰唰地洗，某种程度上也能去除焦煳物，但是这么做既费力又会损伤 Mess tin 饭盒。所以如果不是时间紧迫马上就要使用，就还是推荐用上面介绍的方法处理。

去除烟灰的方法

不管什么烹饪器具都会有附着烟灰的情况，铝制的 Mess tin 饭盒用固体燃料加热，会更容易附着烟灰。这里介绍去除烟灰的方法，以及让烟灰不易附着的方法。

① 用加了醋的热水煮

按照水和醋 8：2 的比例，将能够浸泡住 Mess tin 饭盒的足量的水和醋倒入锅中。将 Mess tin 饭盒放入锅中后开火，沸腾之后再稍微煮一会儿。

② 用纳米海绵来擦拭

①的 Mess tin 饭盒冷却之后，用厨房用纸擦拭干净水，然后用吸饱水的纳米海绵仔细地擦拭掉烟灰，最后再用中性清洁剂和水将残余污物清洗干净。

③ 完成！

擦干已变干净的 Mess tin 饭盒，就完成了。去除烟灰的过程中要注意的是，擦拭或清洗时不要过于用力，要仔细而轻缓地操作以避免磨损。

让烟火不易附着的方法

在使用 Mess tin 饭盒之前，用中性清洁剂涂抹表面，能够起到用固体燃料加热时烟灰不易附着的作用。用海绵等轻轻涂抹即可，之后再用干布轻轻擦拭使表面干燥。

镜面加工

Mess tin饭盒反复使用后会变脏。登山或者露营时使用，用固体燃料来加热就特别容易脏。至少可以将盖子部分打磨得光亮一些，让Mess tin饭盒看起来更漂亮。

必要的工具

① 金属用抛光剂
② 劳作手套
③ 耐水砂纸
④ 抛光用木条
⑤ 抹布（布制品）
⑥ 报纸

※ 金属用抛光剂使用前，请仔细阅读瓶身上的使用注意事项。

1 用清洁剂洗去油

Mess tin 饭盒用中性清洁剂和水仔细清洗，去除表面附着的油污。洗净之后用干布擦去余水使表面干燥。

2 用耐水砂纸打磨

用耐水砂纸打磨表面。依序使用 800 号、1000 号、1500 号的耐水砂纸，从粗到细慢慢打磨表面。

3 用金属用抛光剂打磨

抛光剂打开盖子前要晃动一下，用抹布等柔软的布取适量的抛光剂来打磨 Mess tin 饭盒的表面。使用抛光用木条会更易操作，也更易打磨漂亮。

4 用抹布擦干净，完成！

用干净的抹布擦去 Mess tin 饭盒上残留的污物，就完成了。使用金属用抛光剂，不仅能去污，还可以除锈。

氟涂层处理

在p.118介绍了去除焦煳物的方法，这里则要介绍一开始就让焦煳物不易附着的方法。这里介绍的是直接使用市售产品的很简单的方法，若要追求更完美的效果，还是需要去寻求专业人员的帮助。

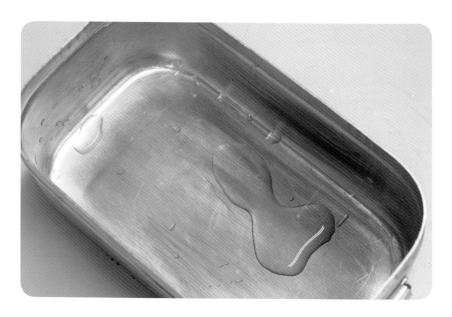

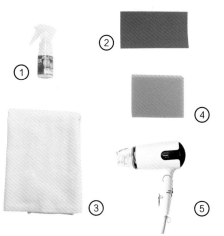

必要的工具

① 厨具专用氟涂层剂
② 耐水砂纸
③ 抹布（布制品）
④ 海绵
⑤ 吹风机

① **用清洁剂洗掉油污**

Mess tin饭盒用中性清洁剂和水仔细清洗，充分去除内表面附着的油污。洗净之后用干布擦去余水使内表面干燥。

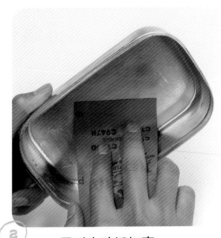

② **用耐水砂纸打磨**

与p.120"镜面加工"一样，用耐水砂纸打磨表面。内表面的边角处比较难打磨，可以把一次性筷子细的部分作为抛光用木条，把砂纸卷在外面来使用，会更好打磨。

③ **涂抹氟涂层剂**

在Mess tin饭盒的内表面喷上适量的氟涂层剂，用海绵涂抹均匀。海绵可以剪成适合使用的大小。

④ **反复干燥就完成了！**

所有区域都涂抹好之后，用抹布等干的布擦拭掉残余的呈白色的液体，否则液体变干之后会很难擦拭掉。然后再重复厚涂4～5次氟涂层剂，用吹风机暖风（80～90℃）加热烘烤。

错误使用提醒

这里会介绍使用 Mess tin 饭盒的注意事项。错误使用 Mess tin 饭盒会引发一些常见问题及某些致命问题，所以使用时一定要多加注意。延长使用寿命的诀窍，就是每次使用之后都仔细清洗干净。

用洗碗机清洗

用洗碗机专用的清洁剂来清洗 Mess tin 饭盒的话，饭盒会变黑。用中性清洁剂和海绵等仔细手洗，才是最佳方式。

使用小苏打

去除污渍的产品中最方便的是小苏打，但用在铝制品上是不行的。小苏打（碳酸氢钠）溶于水时呈弱碱性，加热时和铝会产生化学反应而使饭盒发黑。

使用柴火

Mess tin饭盒架在柴火上使用时要特别小心。Mess tin饭盒的铝材又薄又轻，若长时间架在过于高温的柴火上，可能会发生被烧穿的情况。如果使用柴火，一定要注意控制火力。

空烧

空烧时容易出现的问题，与使用柴火时是一样的。铝的熔点约为600 ℃，与铁等相比比较低，空烧会让饭盒损坏。

使用微波炉

就像铝箔不能在微波炉中使用一样，Mess tin饭盒当然也不能用微波炉加热。如果不小心把饭盒放入微波炉中加热，会立马火花四溅，还有可能会爆炸。

烧到手柄处

使用固体燃料在野外烹饪时，固体燃料的火焰有可能会被大风吹到手柄的位置，特别是点火之后火力较强时更易发生这种危险，所以必须注意。没有挡风板的情况下，点火之后要认真观察火焰状态，千万不要置之不理。

食谱及创意提供者

Sachi

2002年开始作为西点师及西点讲师开展活动，还承接了为广告、杂志进行食谱设计和食物造型的工作，同时编著了多本甜点相关的食谱书，活跃于多个领域。近年来活跃于户外活动领域。

Paellian

露营食谱网站"sotorecipe"的代表千秋宏太郎和原意大利料理主厨藤井尧志创立的露营料理团队。热衷于在露营场地创造"生活感"和利用"批发型超市"。致力于为电视、杂志、Youtube等媒体平台开发食谱或策划活动。

Pear

寒川女士和女儿共同创立的新团队。为柴火咖啡馆和各种工作坊提供料理。也承接聚会送餐等业务。"讨厌麻烦！""不想浪费！""想吃美味的食物！"在日常饮食中实践着这些理念。

木村遥

料理研究家，曾担任食物造型师助理，有过工作室任职经历，后作为食物造型师独立出来。活跃于图书、杂志、网络、广告等领域。中意于Mess tin饭盒的使用方便性和时尚的外观，是会一直使用的忠实爱好者。

"创意食谱"部分提供 → 日本Mess tin爱好会

※书中食谱提到的"1大勺"为15 mL，"1小勺"为5 mL。

备案号：豫著许可备字-2022-A-0065

图书在版编目（CIP）数据

露营饭盒的户外自动烹食书：去公园，去野外！/ 日本Mess tin爱好会著；葛婷婷译. —郑州：河南科学技术出版社，2023.5

ISBN 978-7-5725-1161-5

Ⅰ.①露… Ⅱ.①日… ②葛… Ⅲ.①食谱 Ⅳ.①TS972.12

中国国家版本馆CIP数据核字（2023）第050555号

出版发行：河南科学技术出版社

地址：郑州市郑东新区祥盛街27号　　邮编：450016

电话：（0371）65737028　65788613

网址：www.hnstp.cn

策划编辑：李迎辉

责任编辑：李迎辉

责任校对：崔春娟

封面设计：张　伟

责任印制：张艳芳

印　　刷：河南瑞之光印刷股份有限公司

经　　销：全国新华书店

开　　本：890 mm×1 240 mm　1/32　印张：4　字数：170千字

版　　次：2023年5月第1版　2023年5月第1次印刷

定　　价：49.00元

如发现印、装质量问题，影响阅读，请与出版社联系并调换。